谨以此书献给玛戈、索菲亚和乔治。
——卡米拉·莱安德罗

谨以此书献给我那像蛱蝶一样爱旅行的朱斯蒂娜。
——弗洛朗丝·蒂娜尔

我的昆虫朋友

奇妙的昆虫世界

［法］弗洛朗丝·蒂娜尔（Florence Thinard）　［法］卡米拉·莱安德罗（Camila Leandro）　著

［法］邦雅曼·富卢（Benjamin Flouw）　绘　　谢楠　译

光明日报出版社

昆虫的生存之道

昆虫虽然个头小小，但数量众多，并在大自然中扮演着重要的角色。自然界每10种动物中就有7种是昆虫。虽然昆虫如此之多，但仍有数以百万计的昆虫有待人们发现。早在3.5亿年前，昆虫就已在地球上出现，这就难怪它们有着惊人的适应力，能适应千差万别的气候，在各种各样的环境下生存。

我们人类有四肢，而昆虫有六条腿，但我们和昆虫的区别不止于此。昆虫有一副坚硬的外壳，保护着柔软的身体。它们用翅膀飞行，用触角感知世界。昆虫的眼睛也很特别。它们的复眼由许许多多小眼构成。有些昆虫能360度环视四周。从幼虫到成虫的过程中，它们会蜕皮或者进行完全变态发育。有些昆虫用它们的脚品尝味道；有些昆虫借助它们的腿来歌唱；还有些昆虫用身体颜色或分泌的化学物质来传情达意。

尽管有这么多的不同，但昆虫和人类有一点是相同的，那就是都有生存的需求，比如寻找食物、搭建庇身之所、繁殖后代，这也是所有生命共同的需求。每一种动物、每一种植物，无论大小，无论在人类眼中是美是丑、有用无用，都发挥着自己的作用，都有自己的一席之地，都有权利在一个健康的、生机勃勃的世界上生存。

昆虫的身体结构

　　昆虫的身体分为头、胸、腹3部分，有6条腿。因此，不管是8条腿的蜘蛛，还是有着许许多多条腿的蜈蚣，都不属于昆虫。

头
1 对触角
1 对复眼

胸
6 条腿
2 对翅膀
（也有的昆虫只有 1 对翅膀）

腹
消化系统
生殖系统

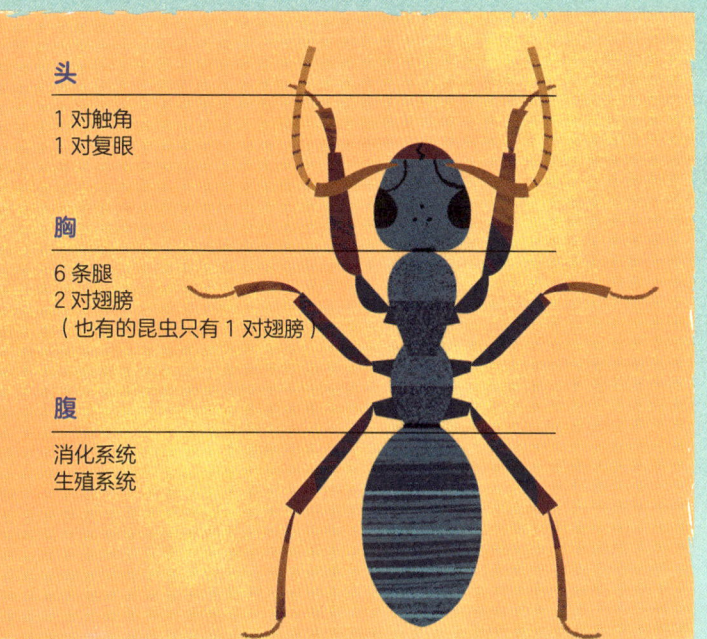

目 录

花朵盛放的草地 /6

觅食
- 蝇——用脚品尝味道 /10
- 龟蝽——淡水强盗 /12
- 蛱蝶——旅行家 /14
- 十大捕食者 /16

在池塘里 / 18

繁殖
- 孤雌亚蚤——单亲家庭 / 22
- 蝉——夏季音乐家 / 24
- 蚊——爸爸采蜜，妈妈吸血 / 26
- 多么优秀的父母！ / 28

夜晚的森林 / 30

自卫
- 胡蜂——暴躁刺客 / 34
- 竹节虫——行走的枝条 / 36
- 粪金龟——挖洞之王 / 38
- 色彩的语言 / 40

当寒冷袭来 / 42

花朵盛放的草地

花朵盛放的草地为昆虫提供了栖身之所、花蜜和花粉。在拜访一朵花时,昆虫身上沾满了小小的花粉粒;当它再飞向另一朵花时,沾在身上的花粉粒就有可能落入这朵花的雌蕊中,使其受精,并最终发育成果实。这就是传粉。

熊蜂
贪食花蜜和花粉,长长的舌头可以轻而易举地伸到花蕊中。

金花金龟
主要以花粉为食,会用头下面像梳子一样的结构采集花粉。

沫蝉
一种可以跳得很高的小昆虫!

西部绿蜥
喜食蜘蛛和昆虫,尤其是鞘翅目昆虫,如鳃金龟、蜣螂……

家燕

在飞行中捕食昆虫。一只家燕每天可以捉约 600 只蚊虫来喂养幼鸟！

普蓝眼灰蝶

一种小型的蓝色斑蝶，属于灰蝶科大家族。

角额壁蜂

一种独居的蜂。雌性角额壁蜂会建造藏身之所，里面装满了为幼虫准备的花粉。

觅 食

所有的生物都需要食物。食物为生物提供了生长、繁殖等活动所必需的能量。简而言之，食物让生物种群得以生存和延续！

昆虫的饮食方式千差万别。一些昆虫以树叶、水果或木头为食，另一些昆虫则吃真菌、粪便、尸体，甚至捕食其他动物。

长长的食物链

所有的生物都可以由一条长长的食物链联系起来。
首先,植物被植食动物和杂食动物吃掉;植食动物被杂食动物和食肉动物吃掉;分解者"吃掉"死去的动物或植物,把有机物还给大地;植物又可以从大地中汲取它所需的养料。如此循环往复。

植物

植物利用阳光和土壤中的矿物质"生产"食物,我们把它们称为初级生产者。

植食动物

植食动物以植物为食,它们被称为初级消费者。

杂食动物

杂食动物以植物、动物和真菌为食。人类也是杂食动物。

食肉动物

食肉动物吃其他的动物,它们被称为次级消费者。

分解者

分解者是一些可以让物质循环的细菌、真菌以及动物。

每种昆虫都有自己不同的"嘴"

昆虫的种类不同,它们进食的方式也不同,有的研磨食物,有的吸食食物,有的舔食食物,因此它们的"嘴"也不同。比如,吸花蜜的蝴蝶与嚼叶子的蝗虫有着不同的"嘴"。我们把昆虫的"嘴"称为口器。

研磨

上颚呈钳状,可以磨碎固体类的食物。

吮吸

对于液体类的食物,没有什么比吻管更好用的了。

研磨 + 吮吸

一些昆虫不仅有一条可吸食的舌头,还有用于咀嚼的上颚。

刺穿 + 吮吸

形状像注射器的口器在吮吸之前可以刺穿食物。

舔舐 + 吮吸

在吸取食物前,会先在食物上分泌酸性物质。

年龄不同,食物不同

有些昆虫的幼虫和成虫有着不同的饮食习惯。如,金花金龟的幼虫喜欢吃腐烂的木头,而成虫喜欢吃花粉。
幼虫通常需要很多能量,因为它们得长大、得变形。其实,有些幼虫会储存一些能量。因为它们一旦成年,就不再进食,就像只活一天的蜉蝣成虫没有嘴来进食!

幼虫

成虫

蝇
——用脚品尝味道

蝇几乎什么都吃，比如腐烂植物的叶或茎、腐肉，以及牛粪、马粪等各种粪便。蝇不会咀嚼食物，它先将唇瓣贴到食物上，从胃里吐出酸性液体把固体食物软化成液体状，再来吸取。

翅膀
蝇胸部的运动带动翅膀扇动，每秒可扇动 200 次。

用"毛"感知
蝇身上的毛和翅膀等都是骨骼的延伸。借助细毛，蝇判断所停之处是否有食物存在。

复眼
蝇的每只"眼睛"由 3000 多只小眼构成，因此，蝇可以 360 度环视四周，很少有什么能逃过它的眼睛！

海绵状唇瓣
蝇下唇的末端是类似海绵的唇瓣。蝇用酸性唾液把食物变成液体，再吸入体内。

吸附足
爪垫盘表面的水脂混合物让蝇可以粘在墙上，甚至是天花板上，不会滑下来。

蝇科代表性昆虫：家蝇

拉丁学名　*Musca domestica*
成虫大小　0.7厘米
成虫寿命　17～30天

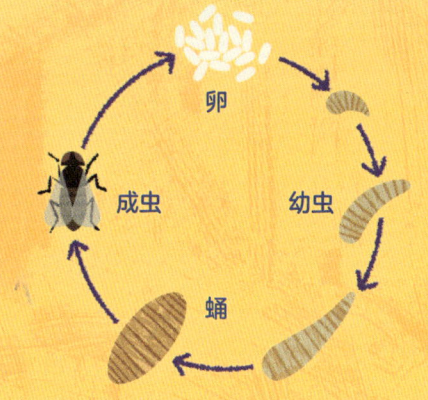

蝇的一生

蝇的幼虫刚从卵中爬出来时，还只是小小的白色蠕虫。短短3~10天的时间，它就能长到原来的10倍，很快就有约1厘米长了。

之后，它爬向一个干燥的地方，变成一个小小的褐色蛹。在蛹中，它将发育成成虫。数天以后，蝇就可以交配、产卵来繁殖后代了。就这样，生命不断地繁衍生息。

1只蝇到1000只蝇

一只蝇只能活30天左右，但一只雌蝇可以产500~1000只卵。雌蝇把卵产在可以为幼虫提供养料的动物粪便、腐烂的垃圾或尸体上。蝇能闻到远在几千米外的养料源的气味！

蝇用腿辨别味道

蝇通过腿上感知味道的绒毛发现糖和其他营养物质。蝇停在食物上搓腿，其实是在清洁绒毛，以便品尝味道。

弹飞！

鸟、蛇、鱼、蜘蛛和胡蜂等动物都捕食蝇。但蝇有自己的避敌法宝：以极快的速度逃跑。只需288毫秒，蝇就能像弹簧一样收起两条前腿，往袭击者相反的方向弹飞。

黾蝽
——淡水强盗

黾蝽在池塘和河流里出没。它展开细长的腿，在平静的水面上滑行。作为一种食肉昆虫，它总是在伺机捕食。如果一只苍蝇掉到水里，黾蝽会立刻冲过去将其捕获，接着用自己又尖又硬的喙刺进苍蝇的身体，注入酸性唾液，让苍蝇从内部分解。最后，黾蝽吸入溶解后的液体，弃掉空壳。

腿上的刚毛

黾蝽每条腿末端 3 根长的刚毛让它能感知水面的波动。多亏了这些刚毛，它才能察觉危险、发现猎物、找到一起繁殖后代的伙伴。

视力极好

大眼睛让黾蝽能发现 20 厘米外的猎物。

前腿

黾蝽短小的前腿上有爪，用来捕获、抓住猎物。

有如匕首的喙

锋利的喙就像一把小匕首，黾蝽用它刺入猎物的身体。休息的时候，黾蝽把喙折叠起来，藏在头下。

水面"清道夫"

因为身体轻盈，黾蝽可以在水面滑行，它依靠的是水的"表面张力"。水表面小小的水分子相互吸引，在水表面形成了一层"薄膜"，可以支撑住轻的物体。这个力就是表面张力。但只需一滴表面活性剂（在洗发水、香皂、洗衣粉中含量丰富）就能让薄膜破裂。啪，黾蝽沉入水中！

水分子之间相互吸引，在水表面形成一层"薄膜"。

体外消化

大部分食肉昆虫不会在自己的身体内消化猎物。

它们会往猎物体内注入酸性唾液，软化猎物的器官，然后再把已经分解好的食物吸入体内，这样就不需要浪费时间在切割和咀嚼食物上了。

因此，一些小的食肉昆虫可以飞快地吞掉和它们体形一样大的猎物。

被藏起来的黾蝽卵

雌性黾蝽可以产下多达 300 枚卵。它把这些卵粘在水面下的叶子或石头上。根据温度的不同，黾蝽的卵在 1~9 周后孵化。

捕食者的翅膀

大部分黾蝽有足够大、利于飞行的翅膀，它们可以在夜间从一个捕食场飞到另一个。

黾蝽科代表性昆虫：小黾蝽

拉丁学名	*Gerris lacustris*
体　　长	5~18毫米（视种类而定）
成虫寿命	4~7个月

为滑行而生的腿

黾蝽的 4 条长腿像桨一样负责行进，两条后腿像舵一样掌控方向。黾蝽所有的腿上都长有油质的细毛，可以防水。

蛱蝶
——旅行家

每个物种都有自己独特的进食、繁殖、栖息的需求，这些需求使它们占据一块或大或小的领地。我们几乎在各个大洲都能看到蛱蝶的身影，那是因为它们在各处都可以找到自己喜欢的菊科、荨麻科、蔷薇科等科的植物。当蛱蝶还是幼虫的时候，每天贪婪地吃掉相当于自身体重5倍的叶子。一旦破茧成蝶，蛱蝶就用吻管吸食花蜜。

强健的翅膀
蛱蝶的膜翅布满小鳞片。大大的翅膀让它能够每天飞行长达200千米。

蛱蝶迁徙的故事

为了一直生活在22~25℃的温度中，某些蛱蝶会随着季节的变化经历惊心动魄的迁徙。但是一只蛱蝶并不能完成整个旅程。

如果一只小红蛱蝶二月份从北非的摩洛哥出发，在法国完成繁殖后死亡，它的曾孙将在六月到达瑞典，而曾孙的孙子将在九月返回北非。

4只脚
所有的昆虫都是6只脚，但是蛱蝶科（如小红蛱蝶、优红蛱蝶、大孔雀蝶）的昆虫两只前脚已经退化，只能看到4只脚。

蛱蝶科代表性昆虫：小红蛱蝶
拉丁学名 *Vanessa cardui*
体　　长 48～60毫米
成虫寿命 最长2周半

胶质的蛹

在蛱蝶的生命周期中，蛹是变形的关键。在蛹期，幼虫体内的所有细胞重新变得一样：不再有眼睛、胃或足的区别！这个胶质团已经准备好"重造"一个新生命：一只有翅膀、触角和生殖器官的蛱蝶。

交配　卵　幼虫　蛹

感光的器官

蛱蝶的眼睛有两种，一种叫单眼，另一种叫复眼。蛱蝶的复眼由成千上万只小眼组成，蛱蝶用这2只复眼来感知物体的形状和颜色，用两只单眼来感知光的强度。

棒槌状的触角

蛱蝶的触角可以感知气味，也可以感知声音！蛱蝶的触角末端呈棒槌状，而飞蛾的触角呈羽毛状。

长长的吻管

蛱蝶伸出吻管来吸取花蜜。吸食完花蜜后，蛱蝶会将吻管卷起来藏在头部下方。

花的盛宴

为了吸引传粉者进入到植物的生殖器官，也就是它们的花蕊里，植物会分泌一种甜甜的汁液：花蜜。此时田间的蓟盛开了，蛱蝶正在这里吸食花蜜。

薄翅螳

薄翅螳一动不动，伺机捕食。身体的绿色或浅褐色是它的伪装色。它强有力的前足上有钩子，可以钩住飞行中的苍蝇、蝴蝶、蚱蜢等昆虫。
有时候，雌螳螂会在交配之后把雄螳螂吃掉！

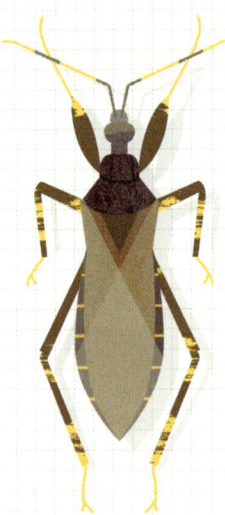

家居猎蝽

休息的时候，猎蝽的喙像小折刀的刀身被折叠起来。猎蝽喜欢潜伏在老房子里，在这里，它可以吃到苍蝇、蜘蛛和臭虫。在狩猎时，它慢慢靠近猎物，用尖尖的喙刺入猎物。

十大捕食者

在昆虫这个群体中，有令人生畏的猎手，也有一些贪吃者。有些昆虫会制造巧妙的陷阱；还有些昆虫有厉害的武器：带钩子的足、咬合式的颚、有黏性的唾液……

虎甲

虎甲跑得非常快，它在 1 秒钟内的奔跑距离可达自己体长的 171 倍。如果按照比例将虎甲放大到与人类身高相当的大小，那其奔跑速度可达 1000 千米 / 时！因为奔跑速度太快以至于它的眼睛只能捕捉到一些模糊的影像。所以，虎甲必须停下来才能恢复清晰的视力，然后用锋利的上颚攻击猎物。

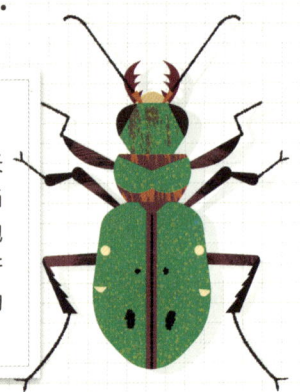

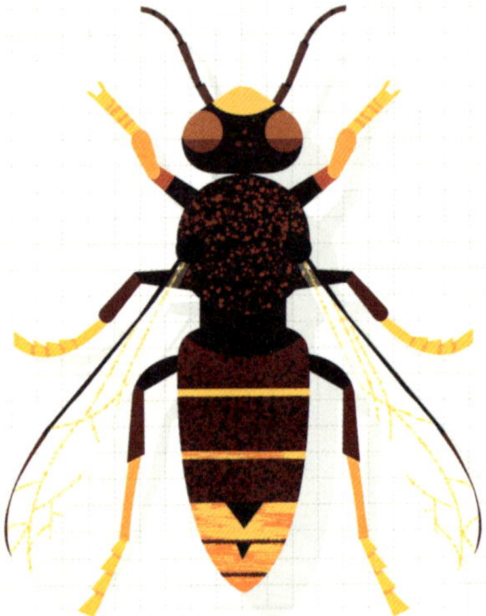

七星瓢虫

七星瓢虫贪食蚜虫。幼虫在 20 天内就可以吃掉将近 300 只蚜虫，而成虫一天可以吃掉 100 只蚜虫。
七星瓢虫咀嚼活的猎物，同时往猎物体内注入腐蚀性的唾液，使猎物从内部溶解。

北方大黄蜂

北方大黄蜂在飞行中捕食，尤其喜欢捕食蜜蜂。它们守候在蜂箱前，猛扑向蜜蜂，把蜜蜂带到空中，割掉蜜蜂的头、翅、足，然后嚼碎蜜蜂的身体，喂给自己的幼虫。5 只北方大黄蜂足以摧毁一个蜜蜂群。

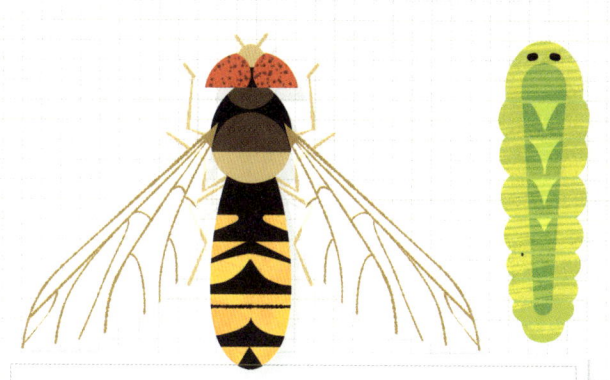

食蚜蝇

食蚜蝇把自己伪装成蜜蜂的样子，以方便采蜜。不过，食蚜蝇幼虫却是肉食性的。一只食蚜蝇幼虫可以吃掉多达 1200 只蚜虫！
食蚜蝇幼虫喷出带有黏性的唾液让猎物动弹不得，然后刺穿猎物的外壳，把猎物的内脏吸入体内。

步行虫

天气热的时候，步行虫躲在石头下，晚上才出来觅食。
步行虫的幼虫和成虫都是肉食性的。
步行虫拥有强有力的上颚，可以咬开猎物的外壳。它捕食毛毛虫、鼠妇，甚至是蜗牛。

蜻蜓

蜻蜓在高速飞行的同时捕食蚊、蝇等小型昆虫。
蜻蜓幼虫生活在水中，会攻击其他动物的宝宝，比如蝌蚪，有时甚至会攻击小鱼。
蜻蜓幼虫的下唇在捕食时可以迅速向前弹开，它这种嵌合式的"面具"让人想起电影里面目吓人的外星人。

蚁蛉幼虫

蚁蛉幼虫在沙子里挖漏斗状的洞，并躲在里面。一旦昆虫掉到这个陷阱里，就很难爬出去。蚁蛉幼虫还会朝昆虫投掷大量的沙子，让昆虫失去平衡，掉入陷阱底部。

行军蚁

在非洲和南美洲的森林里，成千上万只迁徙的行军蚁像一支军队，列队往前行进。一路上，它们什么都吃：鼠、蛇、蜈蚣、蝎子、青蛙、毒蜘蛛、小鸟……

在池塘里

池塘是许多动物的家园。很多昆虫在水里度过它们的一生，还有一些昆虫的生命早期在水中度过，因为水对于它们幼虫的生长发育必不可少。你瞧！水生昆虫已经在水中进化出独特的呼吸方式！

蜻蜓
雄性成年蜻蜓在栖息或飞行中保卫自己的领地。雄蜻蜓和雌蜻蜓身体的颜色通常不一样。它们的幼虫在水中长大。

蟾蜍
它们在池塘鸣叫，酷爱捕食昆虫！

灰蝎蝽的腹部末端有一根呼吸管，可以伸出水面呼吸空气。

石蛾
在成虫时期，石蛾长得像蛾，但是它们经常会躲起来，因为石蛾的飞行技术太差了！

石蛾幼虫躲在小石子下以避开捕食者。有些石蛾幼虫进化出一种适应水中生活的肺——鳃，这样呼吸时不用再把头伸出水面。

鳃

灰蝎蝽
这种昆虫通过伪装来捕食。

蜉蝣

如果池塘里有蜉蝣,表明水质很好。

龙虱在翅膀下的气泡中储存空气。

鱼

无论在水下还是在水面上,捕食者们都在窥伺着它们的猎物。实际上,鱼类主要以昆虫的幼虫为食。

龙虱

因其锋利的爪子和贪食的特性,这种昆虫的幼虫又被称为"水虎"。龙虱可以存活 2~5 年。

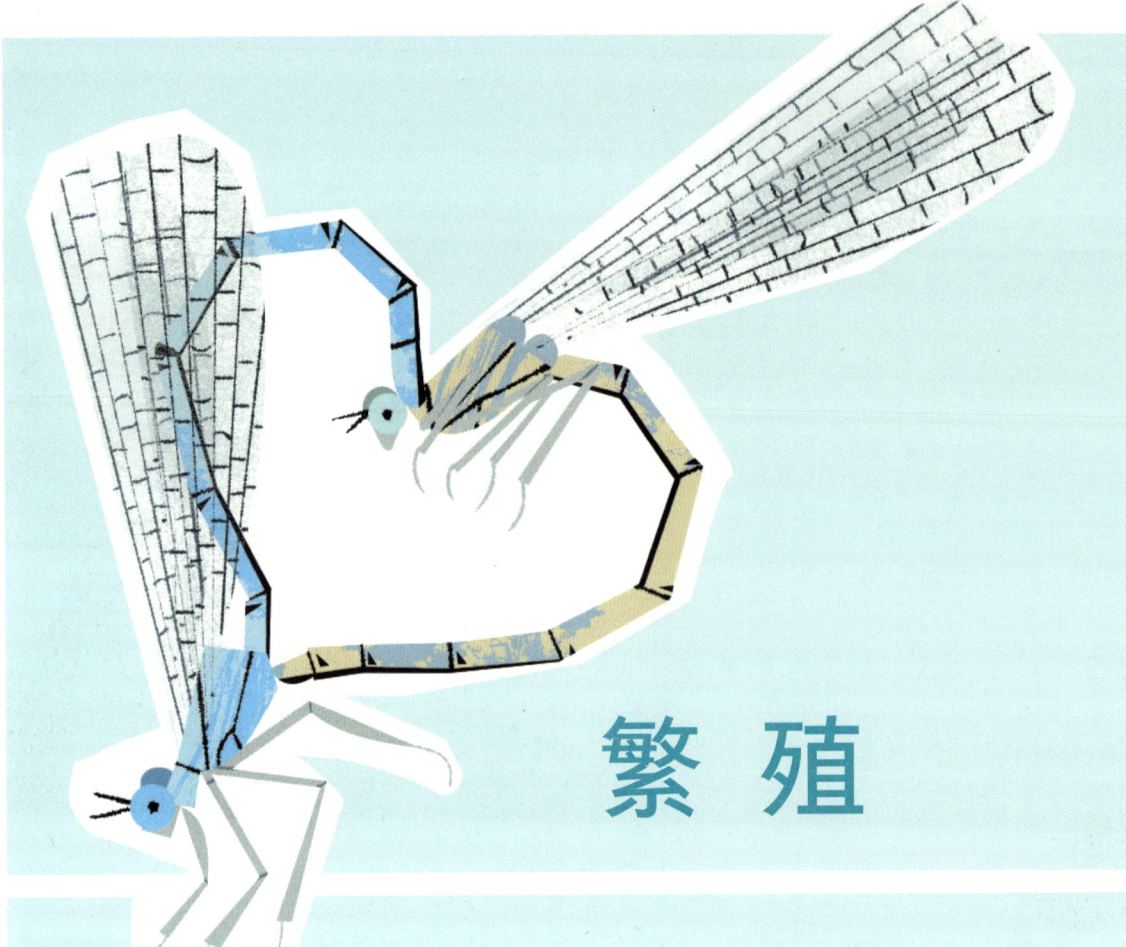

繁 殖

　　繁殖让生物一代又一代地延续。

　　当一只雌性昆虫和一只雄性昆虫相遇、交配时，繁殖就发生了。

　　雌性昆虫和雄性昆虫外形可能有很大的不同，雌性昆虫通常体形更大。

　　雌性昆虫会在交配后产卵。根据昆虫种类的不同，雌性昆虫可以产几枚到上千枚卵。

吸引法则

昆虫为了完成交配需要吸引一位伙伴。最常见的是雄性寻找雌性，博得雌性的芳心。为此，有些雄性长有大大的触角或鲜艳夺目的花纹。如果雌性被吸引，那么交配就发生了。有时，雌性会拒绝雄性的示爱。外形并不是雌性昆虫择偶的唯一标准，气味、鸣叫、舞蹈等因素都会影响雌性昆虫的判断。

♂ 雄性
♀ 雌性

展示雄性魅力
雄性鹿角锹甲硕大的上颚会增加雌性的兴趣，从而使自己从竞争者中脱颖而出。

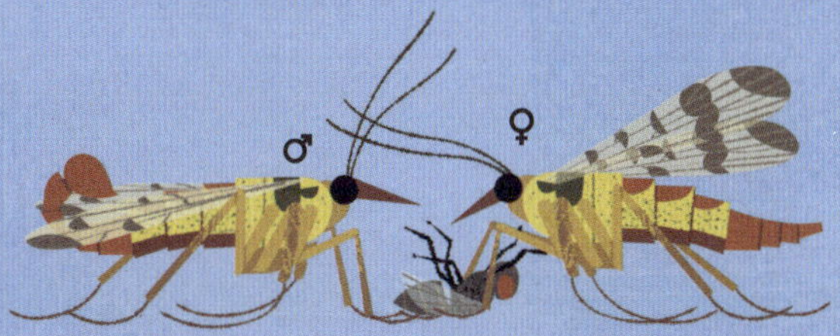

气味
雄蛾凭借自己发达的嗅觉，可以在黑暗中找到雌蛾。雄蛾浓密的触角让它们在几千米外就能捕捉雌蛾的气味——信息素。

舞蹈
孔雀蝇在交配前会跳"双人舞"。在阳光下，数十只孔雀蝇聚集在一起，跳起为繁殖而准备的舞蹈。

鸣叫
有些昆虫，如蚱蜢，会用提示性的"歌声"来告诉异性自己的存在。它们通过振翅或搓腿来创作这些旋律。

送礼物
雄蝎蝇想要交配的时候会送食物给雌蝎蝇。如果这个礼物合雌蝎蝇的口味，它们之间就会发生交配。

缓慢的发育过程

昆虫变成成虫之前，会经历奇特的变化。

幼虫从卵里出来后，会经历好几次蜕皮。在最后一次蜕变时，有些幼虫会把自己封在蛹里。其他一些昆虫，比如蟑螂和蚱蜢，它们的幼虫从卵里面出来的时候，就已经像成虫的样子了，这种幼虫也叫若虫，之后会随着蜕皮而逐渐长大。

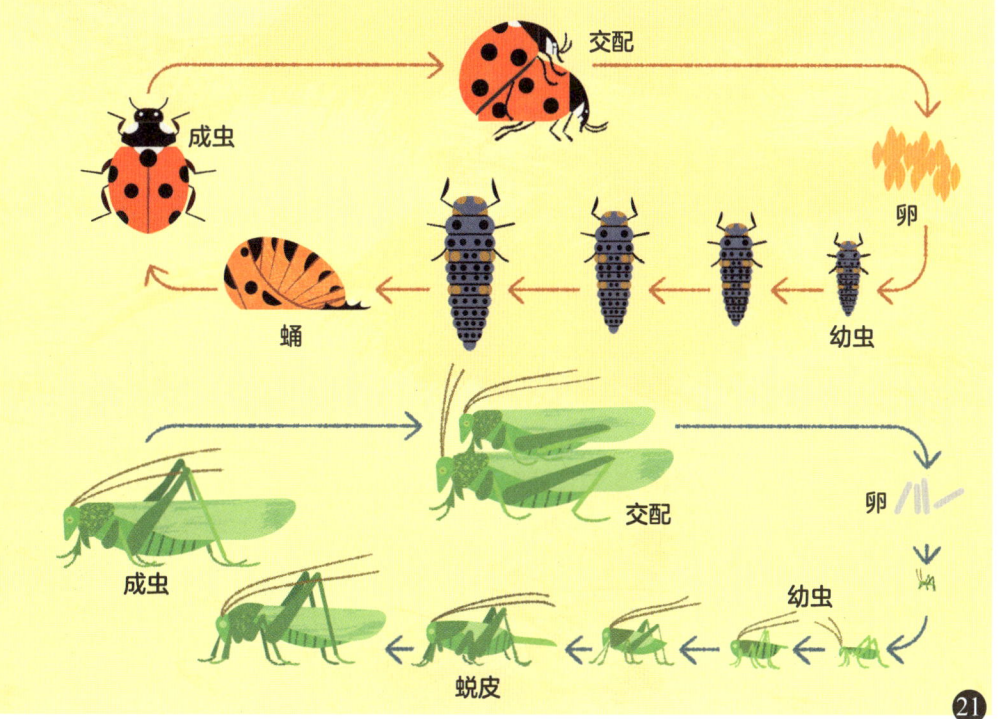

孤雌亚螽
——单亲家庭

大部分昆虫是有性生殖：一只雄性和一只雌性交配产下后代。但是对于有些昆虫，雌性并不需要雄性，而是用自己的细胞进行繁殖。比如，孤雌亚螽的种群就只由近乎完全相同的雌性构成！

孤雌亚螽

拉丁学名	*Saga Pedo*
成虫大小	7～11厘米
成虫寿命	3～4个月

用于行走的足

尽管有长长的足，但是孤雌亚螽完全不能跳，只能缓慢移动。

产卵管

有了这个器官，孤雌亚螽可以在地上挖洞或刺穿植物，以便安全产卵。

夜晚出行

想要观察一只孤雌亚螽，最好选在晚上9点到次日凌晨2点之间。因为孤雌亚螽是夜行性昆虫，昼伏夜出。孤雌亚螽身体的颜色是跟植物一样的绿色，再加上它一动不动，所以可以很好地隐藏自己，以至于你很容易忽略这种拥有保护色的动物，完全没注意到它！

地下庇护所

孤雌亚螽将卵产在地下大约4厘米深的地方。卵需要至少2年才会孵化，通常在春末孵出幼虫。

触角
在螽斯的复眼之间,有一对长长的触角,可以用来触摸物体、捕捉气味。

消失的翅膀
大多数螽斯有翅膀,但是孤雌亚螽属于无翅昆虫,也就是没有翅膀。

贪吃的孤雌亚螽

孤雌亚螽有咀嚼式口器和多刺的足,是一种可怕的昆虫捕食者。它尤其喜欢捕食蟋蟀、蝗虫,以及其他种类的螽斯,甚至是其他的孤雌亚螽!孤雌亚螽捕食时会用前足抓住猎物,咬住猎物的脖子,让它动弹不得,再把它吃掉。

多刺的足
螽斯最靠近头部的足上长着一些长长的刺。这些刺让螽斯可以牢牢地抓住植物,擒住猎物。

蝉
——夏季音乐家

蝉科代表性昆虫：地中海蝉
拉丁学名　*Cicada orni*
成虫大小　3～4厘米
成虫寿命　2～4周

蝉鸣是夏季盛大音乐会的旋律之一。为了吸引雌蝉交配产卵，雄蝉会鸣叫。科学家说蝉鸣其实是蝉用类似鼓的发音器官发出的声音。

位于腹部的耳朵
雄蝉和雌蝉的听觉器官，也就是"耳朵"，都位于腹部。

各种各样的蝉鸣
地中海蝉是夏天众多鸣蝉中的一种。不同的蝉，鸣叫方式不同。有些蝉的鸣叫声大得像摩托车发出的声音，而另一些蝉的鸣叫声需要竖起耳朵才能听到；一些蝉的鸣叫声是有节奏的"吱——吱——吱——"，另一些则是连续不断的鸣叫声"呢——呜、呢——呜"。

腹部的发音器
只有雄蝉有发音器，很像放在它们腹部的鼓。雄蝉只有在天气晴朗且气温高于22℃时才会鸣叫（用发音器发出声音）。低于这个温度，发音器不够柔软，不能发声，这就是雄蝉只在夏天鸣叫的原因。

金蝉脱壳
这只蝉刚刚完成它的最后一次蜕皮，把空壳丢在身后。

灰色伪装色

尽管地中海蝉的鸣叫声很大,但我们却很难看到它。因为它低调的灰色让它可以与树皮融为一体,起到很好的伪装效果。

刺吸式口器

蝉的口器外形像注射器,平时沿着腹部折叠起来。进食的时候,蝉把口器展开,立起来,像一根吸管一样刺入植物的茎,吸食里面的汁液。

5 只眼睛

蝉有 2 只复眼和 3 只单眼,这让它有极好的视力,可以及时发现危险,停止蝉鸣。

幼虫寿命长

蝉的幼虫一般可存活 3~5 年,有一种生活在美国的蝉,其幼虫甚至可以存活长达 17 年!蝉的幼虫生活在地下来躲避捕食者。它们主要靠吸食植物根系的汁液为生。汁液的味道会告诉它们现在是否适合破土而出,变为成虫。一旦从土中钻出地面,蝉会蜕最后一次皮,把小小的栗色空壳留在身后。

❶ **产卵**

交配后,雌蝉把卵产在靠近地面的干燥树枝上。

❷ **孵化**

卵不久之后孵化,幼虫会努力藏到地下。

❸ **蜕皮**

为了长大,幼虫会在地下蜕若干次皮。

❹ **变形**

幼虫一旦从地里钻出,为了变成成虫,会最后一次蜕皮,长出翅膀。

❺ **交配**

成虫再进行交配,这样周而复始。

蚊
——爸爸采蜜，妈妈吸血

雄蚊主要以花蜜为食，但是雌蚊需要吸血让卵发育。一些雌蚊叮咬鸟类，另一些雌蚊更喜欢叮咬哺乳动物，比如人类。雌蚊通过我们人类呼出的气体以及汗液中的化学物质来识别我们。雌蚊的一生可以吸4~5次血，产卵量却可高达800枚。

大眼睛

蚊的大复眼让它可以看到周围包括头顶的情况，这也让蚊能轻易躲过拍向它们的拍子！

会发声的翅膀

蚊的翅膀每秒振动250~600次，雌蚊的翅膀发出尖尖的"嗡嗡"声，与雄蚊发出的声音很不同。因此，雄蚊可以通过声音识别出雌蚊。

长满细毛的触角

雌蚊的触角布满了"细毛"，让它可以识别出猎物呼出的气体和散发的气味。雄蚊的触角呈羽状，触角上的传感器比雌蚊的多得多。多亏了这种触角，雄蚊才能发现雌蚊释放的准备繁殖的化学信号。

隐藏的口针

蚊的口针很灵活，可以滑动伸出采蜜或叮咬。蚊的口针平时像剑一样隐藏在鞘里。

有呼吸管的幼虫

蚊的卵可以忍受寒冷和干旱好几个月，有时甚至是好几年。库蚊的卵需要在水中孵化。当幼虫从卵中出来之后，它头朝下在水中浮动。幼虫靠上升至水面的呼吸管呼吸。有危险的时候，幼虫可以关闭呼吸管，沉到水下更深处躲起来。

找到血管

雌蚊首先用口针刺破人类的皮肤，找到一条毛细血管。然后，雌蚊往血管中注入可以短暂缓解疼痛、阻止血液凝固的唾液。雌蚊的唾液还会产生让皮肤瘙痒的红疱！雌蚊吸血会一直吸到它的腹部鼓起为止。

蚊科代表性昆虫：尖音库蚊

拉丁学名	*Culex Pipiens*
成虫大小	4～10毫米
成虫寿命	雄蚊大约1周，雌蚊长达2个月

破茧而出

气温大约20℃的时候，蚊的幼虫在一个星期内就可以变成蛹。再过一两天，蛹的外壳从上背部裂开，成年蚊从里面竖着出来。此时蚊的口器、足、翅膀紧贴着身体，几分钟过后，蚊身上的水分变干，就可以展开身体飞起来了！

"小筏子"

10～100个相互粘连的卵像"小筏子"一样漂浮在水面上，直到卵孵化。

球蝽

雌球蝽把卵产在洞穴里。它一直守护着卵，定期给卵做清洁，赶走潜在的捕食者，直到幼虫孵出。

红蝽

雌红蝽产卵前会在潮湿的地里挖一个小洞。即使红蝽妈妈离开，这个巢穴也可以容纳和保护50～70枚卵。

多么优秀的父母！

在昆虫世界中，成虫照顾幼虫是很罕见的。大部分昆虫为了确保种族繁荣，会产下许许多多的卵，这样即使会损失不少，但那些存活下来的还是能够保障种群的繁衍。

不过，有的昆虫父母真的就像老母鸡一样，照看着它们的后代，为后代提供更多成活的机会。

虱蝇

虱蝇为寄生昆虫，它的幼虫在母亲的子宫内发育。被喂"奶"的幼虫一出生就身形很大，体格强壮。羊虱蝇每胎只产一只幼虫，一生最多也只产10只幼虫。

超级泥蜂

捕食蜘蛛的雄泥蜂是体贴的爸爸,这在昆虫中很少见。雌泥蜂会先造茧,并在每个茧内产下一枚卵,还会准备好幼虫出生所需的食物。然后,雌蜂把茧封上,让雄蜂把守蜂巢的入口。

太平洋折翅蠊

这种蟑螂的胚胎在母体发育,在母体的子宫内喝"奶"长大。为了自卫,母蟑螂会向捕食者释放毒气。两个月后,母蟑螂产下15只左右幼虫,幼虫就得准备独自生活了。

角蜣螂

这些蜣螂一旦成双成对,它们就在地下的巢穴中安定下来。在那里,它们一起给后代建一个"房间"。也是在那里,每枚卵被产在一个牛粪球里,小家伙们会在蜣螂妈妈的关注下成长。如果陌生者闯入巢穴,蜣螂妈妈就会吱吱地叫着驱赶入侵者。

夜晚的森林

夜晚，夜行性昆虫并不休息。对它们来说，这是进食和繁殖的好时候。夜晚没有光，有些昆虫用一些独特的方法让它们的伙伴发现自己。另一些昆虫甚至利用黑夜来捕食。在大自然中，黑暗和光明一样重要！

蝙蝠

蝙蝠利用自己发达的听觉和回声定位来捕食。这种形式的雷达让它在黑暗中也可探测到猎物，比如蛾。

为了不被吃掉，有些蛾发出类似警报的"叫声"，表示自己是有毒的。蝙蝠能听到这种声音，就会避开这些有毒的蛾。

荧光素　荧光酶

刺猬

这些爱搜寻的小动物在晚上捕食。刺猬靠着异常灵敏的嗅觉，挖出蚯蚓、昆虫、蜗牛、蘑菇等。

萤火虫

萤火虫会产生荧光素和荧光酶这两种物质，并将它们混合后发光。通过发光，雌萤火虫可以被雄萤火虫找到，以便繁殖。现在，光污染让萤火虫在夜晚难以相见，也让它们的繁衍面临危险。

雄蛾静静地飞行时,可以捕捉到几百米外雌蛾身上的气味,因为雄蛾的触角上布满对气味敏感的细毛。

飞蛾是夜间的传粉者。有些飞蛾颜色亮丽,有一些却很谨慎,比如图中这只飞蛾,它低调的颜色可以帮助躲过白天的捕食者。

鹿角锹甲

鹿角锹甲喜欢旧篱笆和满是枯木的森林,通常傍晚外出活动。雄性有着巨大的上颚。

犀牛甲虫

犀牛甲虫体形较大,雄犀牛甲虫有突出的角。在夏天夜晚,我们可以看到在空中飞行的成年犀牛甲虫。这种昆虫的幼虫以腐烂的树木为食。

步行虫

这种恐怖的捕猎者通常在夜间活动,身体颜色为深色的步行虫可以神不知鬼不觉地抓住猎物!

自 卫

昆虫的一生会遇到各种威胁：它们要避免自己被捕食者吃掉，摆脱寄生虫的骚扰，还要躲避风雨的袭击……

一旦它们离开巢穴去寻找食物或繁殖后代，就会处于危险之中。

为了保护自己，一些昆虫逃得很快，另一些会巧妙地躲避敌人，还有一些昆虫拥有可怕的武器。只有那些装备最好的昆虫才能活下来，延续生命！

躲藏起来

大多昆虫会找个地方躲藏起来，它们钻到枯木的树皮下、石缝里、树叶下、空的树干或人类的房子里。还有些昆虫和它们所在的环境融为一体，不易被发现：毛毛虫伪装成一根草；竹节虫伪装成枝条；蝴蝶伪装成花……

模仿自然

当枯叶蝶收起翅膀，这种昆虫就像一片枯叶，躲过了捕食者的注意。

避雨

为躲避大雨，昆虫躲到树叶的背面、中空的圆木里、地下或房子的屋顶下……

昆虫的武器

昆虫首先试图通过它们身体的颜色、刺或甲壳让捕食者却步。只有在迫不得已的情况下，它们才会使用攻击武器。事实上，战斗或分泌毒液需要消耗大量的能量。家蜂在蜇向敌人的时候也自判了死刑，因为它的螫针插入敌人体内再拔出的时候会扯出自己的内脏。因此，家蜂一般只有在拯救蜂巢的时候才会使用螫针。

化学武器

有些昆虫会向敌人喷射发臭的液体或毒液。放屁虫甚至可以喷射出一种灼热的酸性物质。

毒刺

大胡蜂的螫针可刺穿敌人的身体，并往里注入毒素。它利用螫针来攻击和自卫。

有力的颚

昆虫强有力的上颚可以咬开猎物的甲壳、切断猎物的肢体。一些热带蚂蚁有像弹簧夹一样会合在一起的上颚，可以把入侵者挡在蚁穴外。

颜色警告

有些昆虫用身体上红黑或黄黑的图案告诉捕食者它们并不好吃！

保护盾

大部分鞘翅目昆虫的背部，被坚硬的甲壳保护着。

昆虫的庇护所

昆虫筑起各种各样的巢穴来保护自己。群居的昆虫，比如蜜蜂、胡蜂、蚂蚁或白蚁能建起真正的"城池"。

柔软的茧

舍腰蜂是一种独居蜂，它会为每一只幼虫制作一个黏土茧。

隐藏的巢

欧洲胡蜂的巢总是藏在树干里或屋顶下。

蚁穴城堡

一座蚁穴就是一座由房间和过道构成的迷宫。某些种类的蚂蚁还会在蚁穴里培养真菌来储备食物。

胡蜂
——暴躁刺客

雌胡蜂只有在感受到威胁时才会蜇人，比如人们一个突然的动作。

如果攻击者靠近胡蜂巢，雌胡蜂会快速起飞，发出噪声来警告。如果攻击者坚持继续靠近，雌胡蜂会转入进攻状态，蜇咬攻击者。雌胡蜂的毒液在空中释放化学信号，通知周围的姐妹有危险。它们就会立刻赶来救援，保护蜂巢。

光传感器

胡蜂的头顶有3只单眼，可以捕捉光线的变化。光的变化会告诉胡蜂危险是否临近。

胡峰科代表性昆虫：普通黄胡蜂

拉丁学名	*Vespula Vulgaris*
成虫大小	9～20毫米
成虫寿命	工蜂大约20天

强有力的上颚

胡蜂用上颚切割昆虫或小块的肉，喂给幼虫吃，这有力的上颚也可以用来咀嚼树皮、修筑蜂巢。

短小的口器

成年胡蜂以花蜜和成熟水果中的糖为食。短小的口器让它只能采集花瓣宽大的花朵的蜜，比如果树的花。

黄色的脚

胡蜂金黄色的长脚在飞行时会垂下。

蜇针是光滑的

蜜蜂只能蜇咬一次，因为蜜蜂的蜇针有倒钩，有点像锯子。它刺入攻击目标的皮肤再从对方的身体里拔出，会导致死亡。但是胡蜂的蜇针是光滑的，可以在蜇了目标之后收回来，下一次还能再蜇。

并不是所有的胡蜂都蜇人

世界上大约有15000种胡蜂，其中约有1000种过群居生活，比如普通黄胡蜂。

其余的胡蜂过独居生活，对人类无害。它们吃蚜虫、毛毛虫、蝇和蝗虫，能保护作物。

超大胡蜂巢！

每年冬天，所有的普通黄胡蜂都会死去，除了年轻的蜂王。到了春天，这些蜂王又会用唾液和嚼碎的木屑筑起"纸浆"小蜂巢。在这里，蜂王产下它们的第一批卵。从卵里孵出的工蜂会扩建蜂巢。通过增加层数，工蜂们逐渐建成一个可容纳上万只胡蜂的球状蜂巢。

蜂腰
胡蜂的典型特征是胸部与腹部连接处极细。

条纹衣
胡蜂亮黄色和黑色相间的条纹，非常亮眼，仿佛在说："小心点！我是有毒的。"

可收回的螫针
胡蜂尖尖的螫针连接着腹部的毒囊，只有在叮咬的时候才会伸出来。

竹节虫
——行走的枝条

拟态是指某些昆虫通过模仿物体（比如石头）或其他动植物来自卫或躲藏起来。竹节虫可以说是拟态界的冠军。它们模拟叶子或枝条的形态，让捕食者难以发现。法国竹节虫藏在刺藤丛里，幼虫时期是绿色的，年老时是栗色的。

竹节虫科代表性昆虫：法国竹节虫
拉丁学名　*Clonopsis gallica*
成虫大小　6～7厘米
成虫寿命　4～5个月

犹如细枝的足
竹节虫用中足和后足立在植物上。前足让它可以伸展身体，使枝条的形态更形象。

特别的触角
触角节数（12～13节）有助于区分不同竹节虫的种类。

超好的视力
竹节虫的眼睛可捕捉光的形态、颜色和强度，因此可以知道什么时候活动，什么时候躲避。当清晨的第一缕微光来临，竹节虫就立刻藏在植物中。

雌性世界

法国竹节虫都是雌性个体，进行孤雌生殖，因此不进行交配，只需母体的一个细胞就可以分裂繁殖出一个小的竹节虫。雌性法国竹节虫把卵产在不同的地方。这些卵将在枯叶下度过一至二年，在适宜的时候孵化。

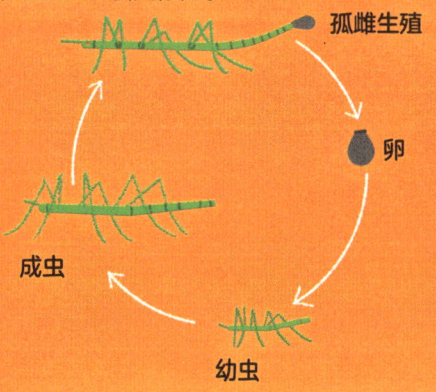

孤雌生殖 → 卵 → 幼虫 → 成虫

有触感的尾须
这个感觉器官让竹节虫可以感知环境。

融为一体的身体
竹节虫的头、胸和腹"融为一体"，有一种身体就是一整个儿的错觉。

一动不动，难以察觉

法国竹节虫模拟那些它喜欢待在上面吃东西、生活的植物（比如刺藤、野生玫瑰），它几乎一动不动。一只竹节虫幼虫的活动范围离出生地点的距离从不会超过8米。这种昆虫在晚上很活跃，尤其是晚上11点到次日凌晨3点。它从浓密的荆棘丛中爬出来觅食、产卵。

经受各种考验的卵
竹节虫的卵扛得住干旱，通常是单个或成双地被产下来。

粪金龟
——挖洞之王

顾名思义，粪金龟喜欢牛粪、马粪等各种粪便，有粪堆粪金龟等多种种类，它们常常在森林和草地中出没。粪金龟在粪便下挖洞，把它们进食和繁殖所需的粪埋藏在土里。这些地下穴道也能让粪金龟免受鸟类和蜥蜴的袭击。

像盔甲一样的鞘翅

像所有的鞘翅目昆虫一样，粪金龟有两对翅膀：后翅柔软利于飞行，被前翅（鞘翅）覆盖，对粪金龟来说，前翅就像盔甲一样。鞘翅目昆虫的前翅最初是一对膜质翅膀，后来变得又硬又厚，因此可以更好地保护一部分胸腹部及后翅。

和平共处的房客

几只粪金龟可以共同生活在同一块牛粪之下，互不干扰。

挖洞的时候，如果一只粪金龟掉到另一只粪金龟的住所，它就会折回，往另一个方向挖。

口器周围的细毛

尽管粪金龟的上颚可以咬碎食物，但粪金龟并不咀嚼。它们用上颚的细毛过滤食物。

开掘足

粪金龟的前腿像个锯子，对挖洞来说堪称完美。粪金龟在牛粪下挖的洞可以深达 60 厘米！

**粪金龟科代表性昆虫：
粪堆粪金龟**

拉丁学名　*Geotrupes Stercorarius*
成虫大小　16～25毫米
成虫寿命　1～2年

精诚合作的粪金龟夫妇

在巢穴入口处交配后，雄性和雌性粪金龟一起挖洞，构建它们的地下网络。在每个洞穴里，雌粪金龟把牛粪堆成粪球，把卵产在其中。这些粪球让粪金龟的卵及后来的幼虫免受危险，并有充足的食物储备。

腹部的光泽

大部分粪金龟腹部有金属光泽，如蓝色、紫色、绿色……人们通过这些颜色能区别粪金龟的种类。

突然亮翅

大孔雀蝶采蜜时，一动不动。突然，它的翅膀展开，露出大大的眼状斑纹！捕食者大吃一惊，这样它的猎物大孔雀蝶就有机会逃脱了。

警告！

黄黑或红黑的对比色通常意味着昆虫有毒或会叮咬。红蝽靠着这一震慑效果生存，但它其实并不伤人。此外，它身上的斑点勾勒出翅膀的样子，让其他动物相信它会飞。

小心谨慎

最好的伪装色是周围环境的颜色：树叶的绿色、土地的褐色、树皮的灰色。玻璃蝴蝶，这种美洲热带雨林的蝴蝶甚至有着透明的翅膀。

鲜艳夺目的雄性

某些昆虫，如宝蓝色单爪鳃金龟，雄性的身体有着非常鲜艳的颜色。尽管外壳颜色醒目，它依然能逃出猎食者的捕食，因为它灵巧而健壮，这刚好又是雌性所追求的雄性优点。

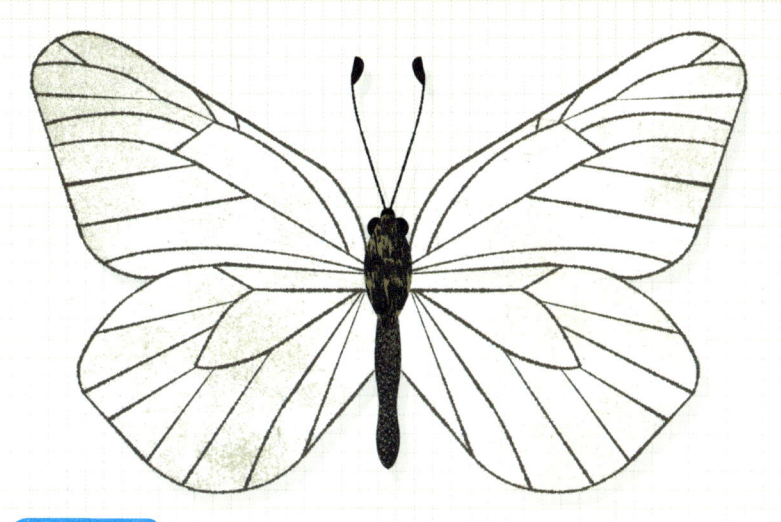

红外线图

色彩的语言

昆虫身体的色彩并不是为了"显得漂亮",而是为了传递信息和自我保护。翅膀或身体的颜色传达出的信息可以在同类中传递,传递的信息可以是:"我要繁殖下一代"或者"我属于你们这个家族"。同样,昆虫身体的颜色也可警告捕食者:"我不好吃!"

总之,这些颜色可以用于伪装、捕捉光线,也可以用于自我保护。

调节温度

蝴蝶翅膀暗的部分比亮的部分更能吸收太阳的热量。但是当太阳光过强时,翅脉就起到了调节的作用:把热传给翅膀亮的部分。上图是红外线下的蝴蝶图像,其中黄色表示蝴蝶温度较低的部分,橙色表示温度较高的部分。

鳞片游戏

蝴蝶翅膀的颜色是由细小的鳞片反射光形成的。因此,这种大蛱蝶翅膀的颜色会随着光的方向或强度的变化而变化。

迷惑人的颜色

捕食者也利用颜色,兰花螳螂就利用身体似兰花的粉色,在花上窥伺猎物。

当寒冷袭来

冬天，昆虫都去哪儿了呢？一些躲在土里、树皮下、枯叶里，有些甚至躲到人类的房子里。有些昆虫往暖和的地方迁徙，大部分昆虫因寒冷而冻死。

但在死亡之前，它们已繁殖了下一代，这些后代以卵、幼虫或蛹的形态过冬。待到天气变暖的时候，它们会孵化或继续发育。

龟壳纹小蛱蝶

这种蛱蝶可以在零下24℃存活下来！这是为数不多的可以利用体内产生的防冻糖类物质越冬的成年蝴蝶之一。它躲藏在山洞中、中空的树干里、废弃的洞穴里……

石头里的熊蜂

一些雌熊蜂过冬时什么都不吃，而是躲在树皮缝或墙缝里。春天的时候，雌熊蜂就开始筑蜂巢、采粉、繁殖等。

雪跳蚤

雪跳蚤并不是跳蚤，而是一种跃尾虫。这是唯一在寒冷的冬天仍真正活跃的昆虫。它在雪中跳跃寻找食物。

家蜂

家蜂在蜂巢的中心聚集成一个结实的球体。在球体外部的家蜂会轮流移到中间来取暖。

优红蛱蝶

为了在非洲过冬，优红蛱蝶长途跋涉，飞越地中海！

鳃角金龟

大部分的鞘翅目昆虫以幼虫的形态过冬。鳃角金龟的幼虫深入到地下60多厘米的地方来御寒。

螳螂

死之前，螳螂会在植物或石头上产卵。然后，螳螂用一种泡沫包裹卵，泡沫会慢慢变硬，保护着卵，直到夏天来临卵开始孵化。

图书在版编目（CIP）数据

我的昆虫朋友：奇妙的昆虫世界 /（法）弗洛朗丝·蒂娜尔 (Florence Thinard),（法）卡米拉·莱安德罗 (Camila Leandro) 著；（法）邦雅曼·富卢 (Benjamin Flouw) 绘；谢楠译.-- 北京：光明日报出版社, 2024.5

ISBN 978-7-5194-7934-3

Ⅰ.①我… Ⅱ.①弗…②卡…③邦…④谢… Ⅲ.①昆虫—普及读物 Ⅳ.① Q96-49

中国国家版本馆 CIP 数据核字 (2024) 第 090577 号

Insectes © Gallimard Jeunesse, 2023
Text by Florence Thinard and Camila Leandro; illustrations by Benjamin Flouw

北京市版权局著作权合同登记：图字 01-2024-0503

我的昆虫朋友：奇妙的昆虫世界
WO DE KUNCHONG PENGYOU:QIMIAO DE KUNCHONG SHIJIE

著　　者：[法]弗洛朗丝·蒂娜尔（Florence Thinard）	[法]卡米拉·莱安德罗（Camila Leandro）
绘　　者：[法]邦雅曼·富卢（Benjamin Flouw）	译　者：谢　楠
责任编辑：孙　展	责任校对：徐　蔚
特约编辑：李冬蕾	责任印制：曹　净
封面设计：于沧海	

出版发行：光明日报出版社
地　　址：北京市西城区永安路 106 号，100050
电　　话：010-63169890（咨询），010-63131930（邮购）
传　　真：010-63131930
网　　址：http://book.gmw.cn
E - mail：gmrbcbs@gmw.cn
法律顾问：北京市兰台律师事务所龚柳方律师
印　　刷：河北朗祥印刷有限公司
装　　订：河北朗祥印刷有限公司
本书如有破损、缺页、装订错误，请与本社联系调换，电话：010-63131930

开　　本：218mm×250mm	印　张：2.75
字　　数：30 千字	
版　　次：2024 年 5 月第 1 版	
印　　次：2024 年 5 月第 1 次印刷	
书　　号：978-7-5194-7934-3	
定　　价：49.80 元	

版权所有　翻印必究

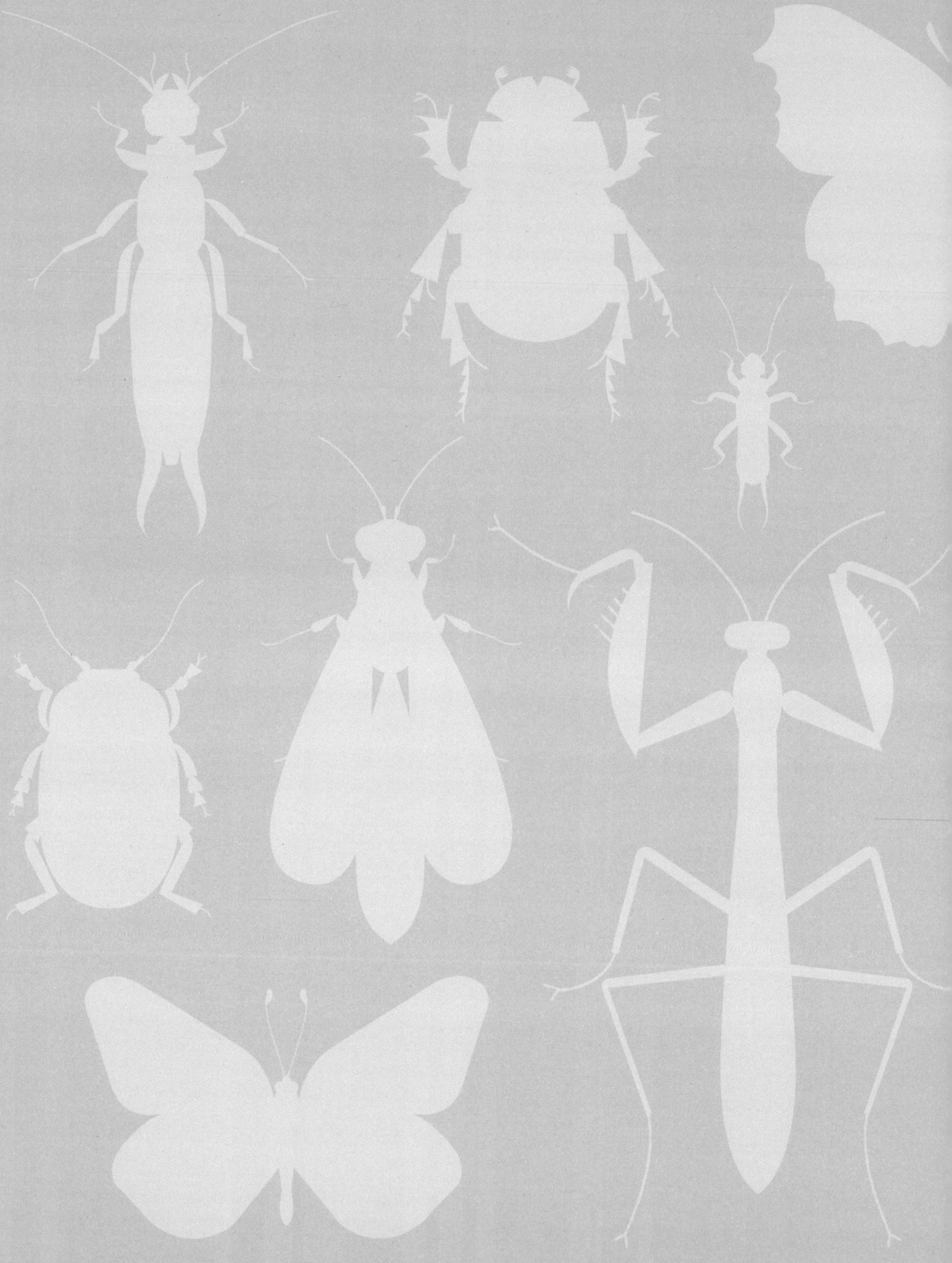